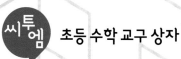

씨투엠 초등 수학 교구 상자

평면 공간감각을 길러주는
회전 도형 퍼즐

Pentomino Turn

펜토미노턴

A

Creative to Math
씨투엠

차 례

"꿈꾸는 아이들을 위한 교육 사다리"

논리와 재미, 즐거운 수학 교육을 위한 최고의 콘텐츠를 만들겠습니다

Creative to Math
씨투엠

• 법인명: ㈜씨투엠에듀(C2MEDU corp.)

• CEO: 한헌조

• 창립연도: 2014년 10월

• 홈페이지: www.c2medu.co.kr

01 거울 놀이

연관 활동: 교구 매뉴얼 activity 4

데칼코마니와 거울

하얀 도화지에 물감으로 나비의 절반만 그린 다음 도화지를 반으로 접었다 펼치면 반대쪽에 물감이 찍혀 나비 모양이 완성됩니다. 이러한 그리기 방법을 '데칼코마니' 라고 합니다.

거울을 보고 머리를 빗으면 거울 속의 나도 머리를 빗고 있고, 거울을 보고 춤을 추면 거울 속의 나도 춤을 추고 있습니다.

이렇듯 거울은 데칼코마니와 같이 양쪽이 똑같은 모양이 되고, 이것을 '대칭'이라고 합니다.

데칼코마니

거울에 비친 펜토미노

✂ 점선 위에 거울을 세우고 화살표 방향으로 거울에 비친 펜토미노를 살펴보세요. 거울에 비친 모양대로 알맞게 색칠해 보세요.

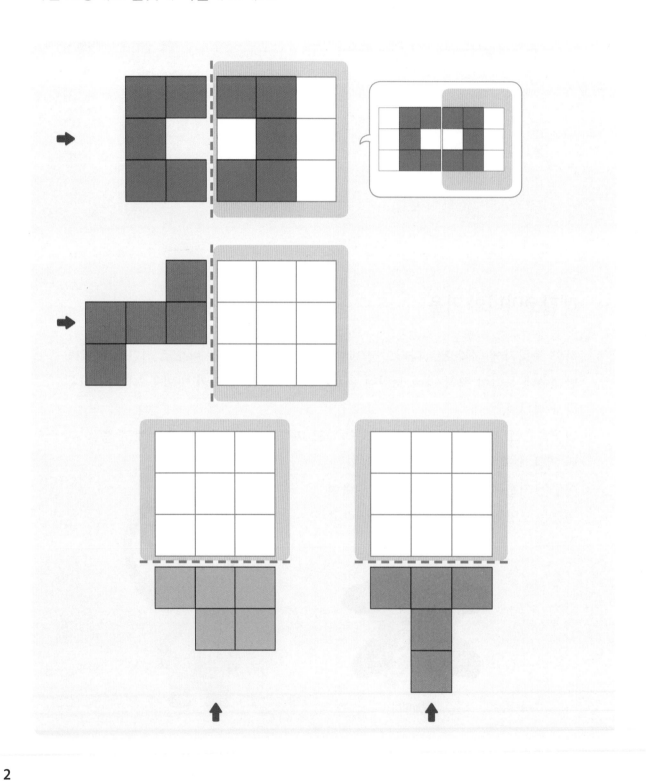

거울에 비친 패턴블록

✂ 점선 위에 거울을 세우고 화살표 방향으로 거울에 비친 패턴블록을 살펴보세요. 거울에
비친 모양대로 알맞게 색칠해 보세요.

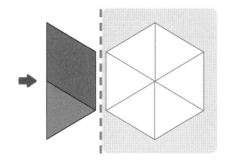

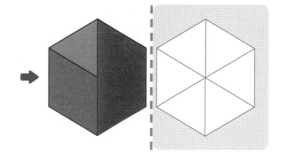

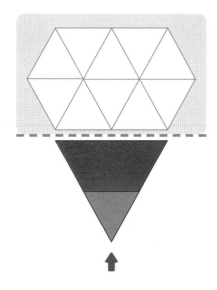

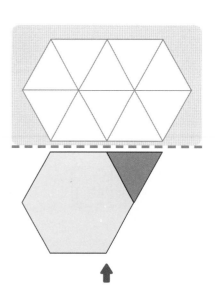

거울에 비친 모양

✂ 점선 위에 거울을 세우고 화살표 방향으로 거울에 비친 모양을 살펴보세요. 거울 앞과
거울 속의 모양을 합친 그림으로 알맞은 것에 ○표 하세요.

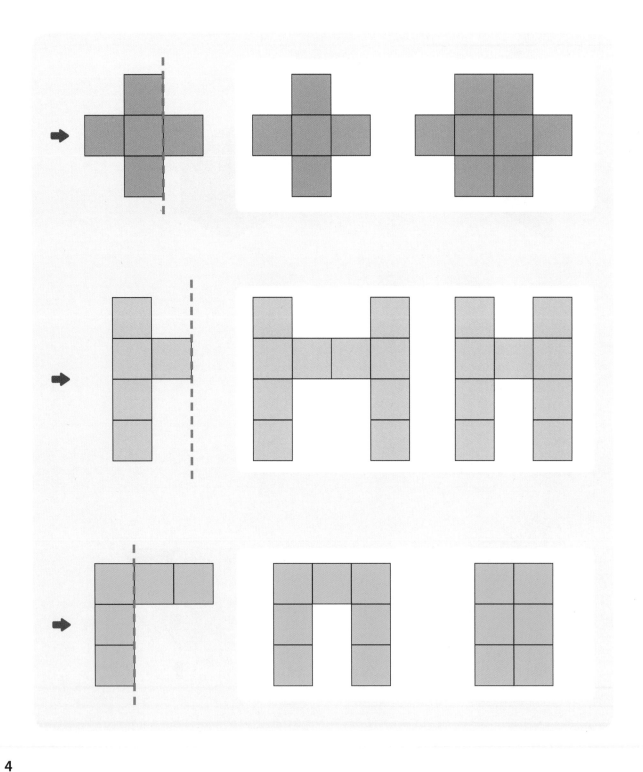

거울의 자리

거울을 세우고 화살표 방향으로 보았더니 거울 앞과 거울 속의 모양을 합친 그림이 오른 쪽과 같습니다. 거울을 세워 확인하고, 거울을 세운 자리에 선을 그어 보세요.

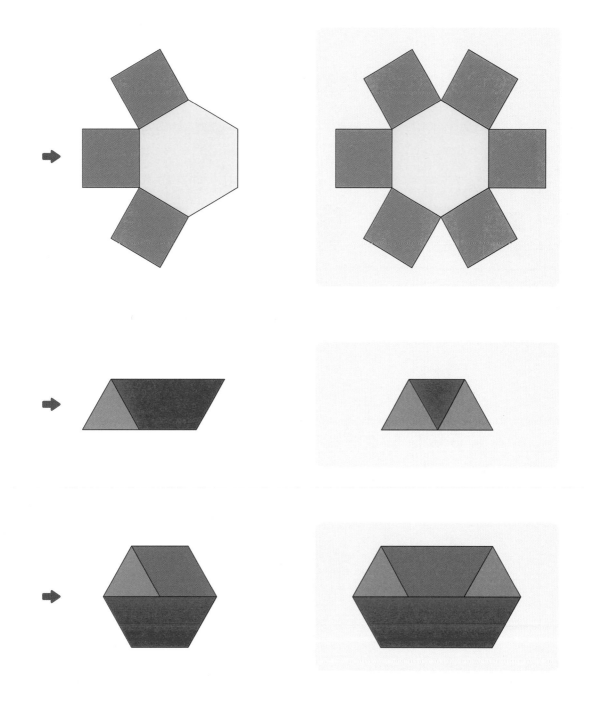

틀린 그림 찾기

✖ 점선 위에 거울을 세우고 화살표 방향으로 거울 속을 살펴보세요. 오른쪽 그림에서 잘못된 곳을 **2**군데씩 찾은 다음, 잘못된 그림 위에 올바르게 스티커를 붙여 보세요.

02 뒤집기

연관 활동: 교구 매뉴얼 activity 1, 5

초등 교과와 도형의 이동

펜토미노는 초등 수학 교과과정에서 칠교와 함께 필수 교구로 자리잡고 있습니다.
특히 펜토미노는 평면도형의 이동과 관련된 내용에서 많이 다루어집니다.

그렇다면 학생들이 어려워하는 평면도형의 이동은 언제부터 교과서에서 학습하게
되었을까요?

2000년대부터 초등학생들의 공간감각능력을 중요하게 여겼고, 이에 따라 2000년
7차 교육과정부터 평면도형의 이동이 처음 초등 수학 교과에 등장했습니다.

7차 교육과정 2-가, 3-가에서 다루어진 도형의 이동은 2009 개정 교육과정 3-1에서
펜토미노와 함께 다루어지다가 현재 2015 개정 교육과정 4-1에서 '평면도형의 이동'
이라는 독립적인 단원으로 분리되어 공간감각을 더욱 중요하게 다루고 있습니다.

현재 교과에서는 펜토미노와 함께 패턴블록으로도 뒤집기와 돌리기 활동을 하고 있
습니다.

옆으로 뒤집기

✖ 주어진 펜토미노를 왼쪽과 오른쪽으로 각각 뒤집어 보세요. 뒤집었을 때의 모양대로 빈 곳에 스티커를 붙여 보세요.

뒤집은 모양은 거울 속에 비친 모양과 같아.

✖ 주어진 펜토미노를 위쪽과 아래쪽으로 각각 뒤집어 보세요. 뒤집었을 때의 모양대로 빈
곳에 스티커를 붙여 보세요.

오른쪽으로 뒤집은
모양과 왼쪽으로 뒤집은
모양은 서로 같아.

위쪽으로 뒤집은 모양과
아래쪽으로 뒤집은
모양도 서로 같아.

배를 네 방향으로 뒤집었을 때의 모양을 각각 찾아 이어 보세요.

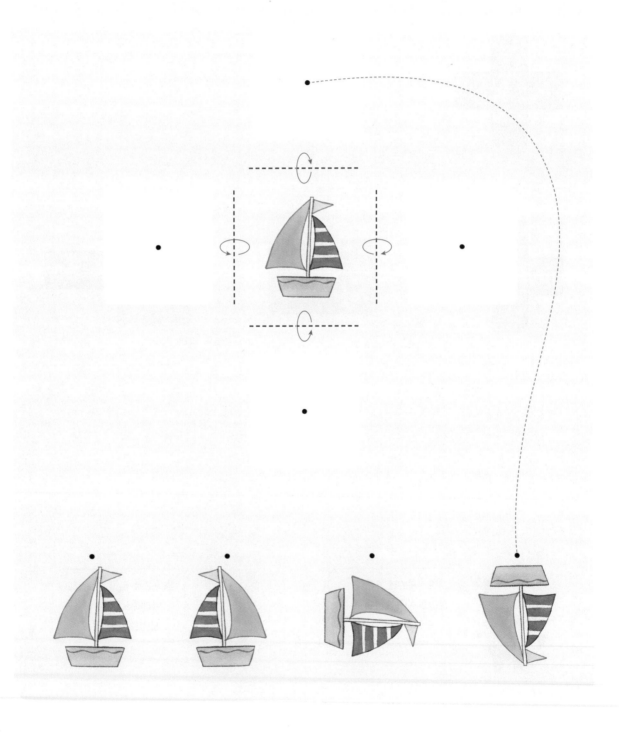

패턴블록을 주어진 방향으로 뒤집었을 때의 모양을 찾아 O표 하세요.

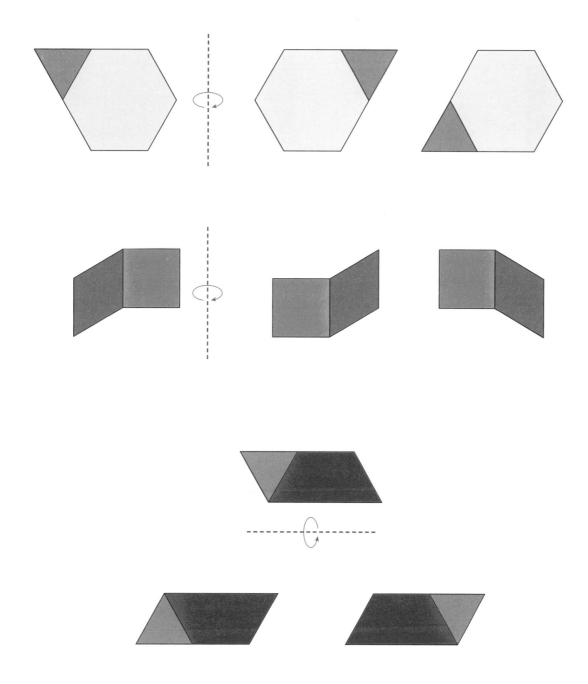

릴레이 뒤집기

✖ 펜토미노를 주어진 방향으로 계속 뒤집어 보세요. 뒤집었을 때의 모양대로 빈칸에 알맞게 색칠해 보세요.

뒤집고 뒤집으면 원래 모양이 되지.

03 돌리기 1

연관 활동: 교구 매뉴얼 activity 1, 5

펜토미노턴

공간감각이란 머릿속에서 도형이 움직이는 것을 상상하여 움직인 결과를 끄집어내는 과정입니다. 이러한 공간감각은 모양을 외우거나 문제만 풀어서는 기르기 힘듭니다. 공간감각은 관찰, 비교, 기억 등을 기반으로 하기 때문에 도형을 직접 관찰하고 조작하는 것이 중요합니다.

펜토미노턴은 도형이 움직이는 과정을 관찰할 수 있는 교구입니다. 움직인 결과만 그려내는 문제 풀이보다 움직이는 과정을 직접 관찰함으로 공간감각을 기르는 데 큰 도움이 됩니다.

  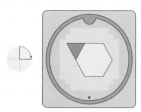 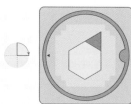

◔ 만큼 돌리기

준비물 • 회전판, 펜토미노, 스티커

✖ 회전판에 다음과 같이 펜토미노를 놓고 ◔ 만큼 돌려 보세요. 돌렸을 때의 모양대로 빈 곳에 스티커를 붙여 보세요.

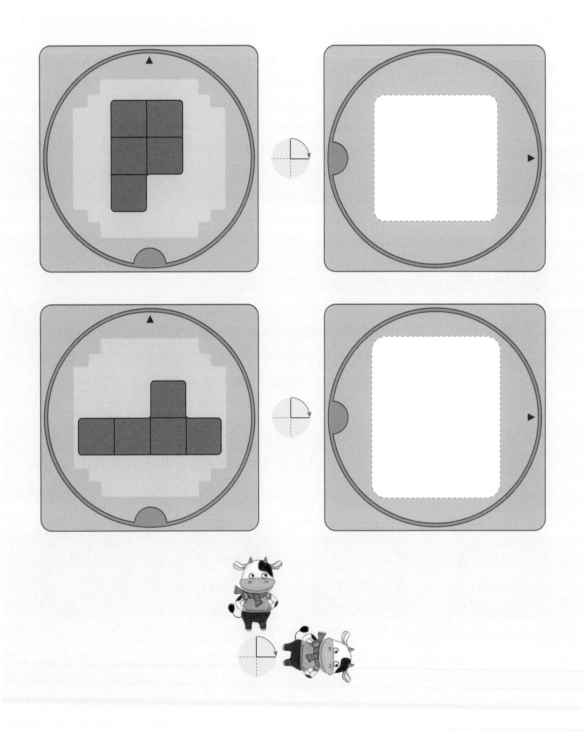

만큼 돌리기

✖ 회전판에 다음과 같이 펜토미노를 놓고 만큼 돌려 보세요. 돌렸을 때의 모양대로 빈 곳에 스티커를 붙여 보세요.

🌓 만큼 돌리기

🗙 회전판에 다음과 같이 펜토미노를 놓고 🌓 만큼 돌려 보세요. 돌렸을 때의 모양대로 빈 곳에 스티커를 붙여 보세요.

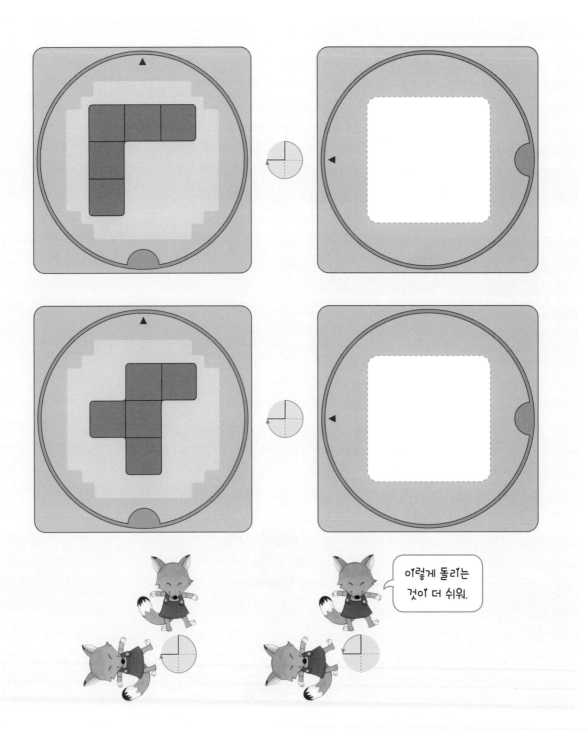

이렇게 돌리는 것이 더 쉬워.

16

만큼 돌리기

✎ 회전판에 다음과 같이 펜토미노를 놓고 만큼 돌려 보세요. 돌렸을 때의 모양대로 빈 곳에 스티커를 붙여 보세요.

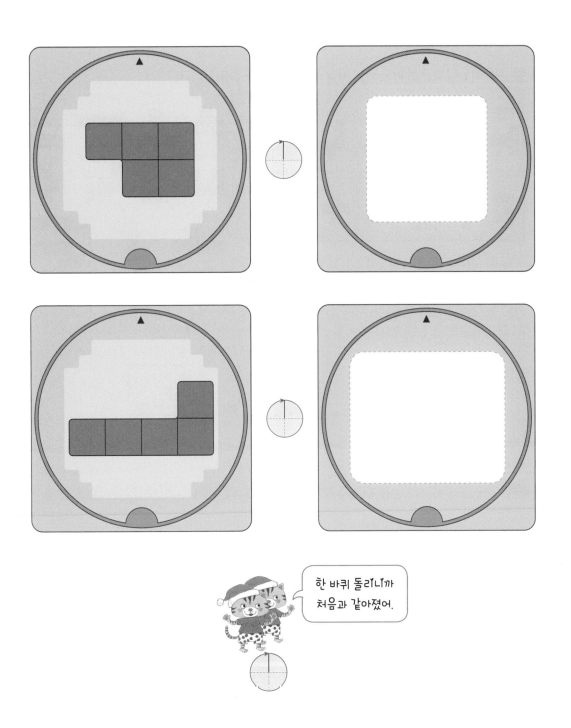

한 바퀴 돌리니까
처음과 같아졌어.

같은 모양 찾기

✖ 펜토미노 카드와 같은 모양의 펜토미노를 찾아 짝지어 봅시다.

준비물　펜토미노 카드, 펜토미노

1 빨간색 테두리의 펜토미노 카드 11장과 펜토미노를 준비합니다.

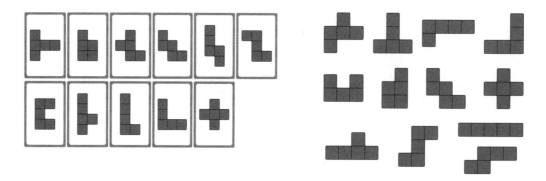

2 카드의 모양과 같은 펜토미노 조각을 찾아 카드와 짝지어 놓습니다. 펜토미노 조각을 뒤집거나 돌려가며 같은 모양을 찾아봅니다.

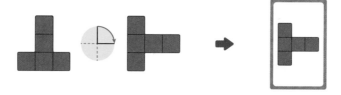

3 펜토미노 조각 하나가 남을 때까지 모두 짝지어 봅니다.

조각을 뒤집거나 돌려서
카드와 똑같이 만들어 봐.

04 돌리기 2

연관 활동: 교구 매뉴얼 activity 1, 4

펜토미노(Pentomino)

펜토미노(Pentomino)는 정사각형 5개를 붙여 만든 도형으로 모두 12가지가 있습니다. 펜토미노라는 이름은 솔로몬 골롬(Solomon W. Golomb) 박사가 처음 사용하였습니다. 펜토미노의 어원을 살펴보면 고대 그리스어의 수를 나타내는 말 중에서 5를 의미하는 '펜토'와 조각을 의미하는 '미노'를 합성하여 만든 말로 '다섯 조각'을 의미합니다.

펜토미노는 조각을 돌리거나 뒤집어서 여러 가지 재미있는 모양이나 도형을 만들 수 있어 수학 교육에 많이 활용됩니다.

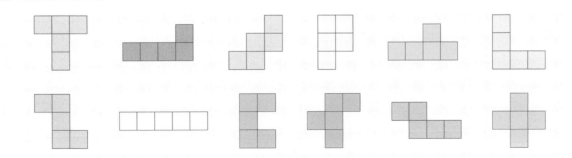

펜토미노 돌리기

✂ 빈 회전판에 다음과 같이 펜토미노를 놓고 네 방향으로 돌려 보세요. 돌렸을 때의 모양대로 빈 곳에 알맞게 색칠해 보세요.

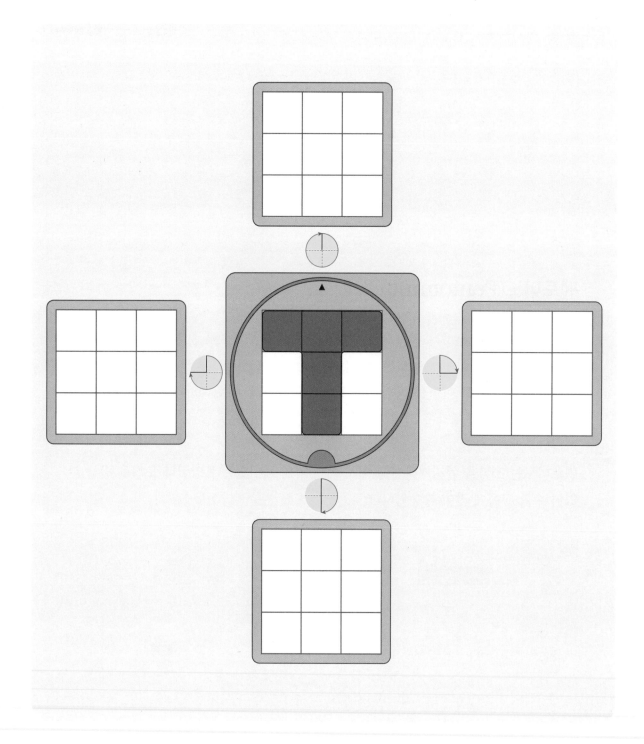

패턴블록 돌리기

회전판에 다음과 같이 패턴블록을 놓고 네 방향으로 돌려 보세요. 돌렸을 때의 모양을 찾아 이어 보세요.

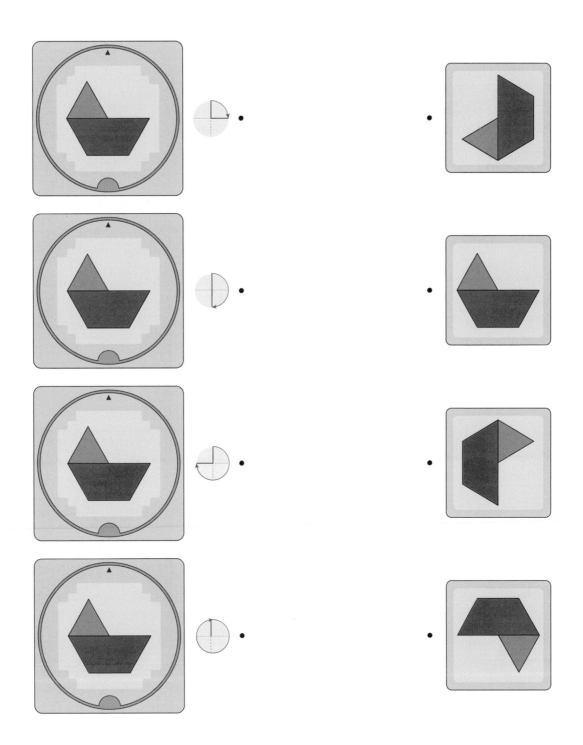

릴레이 돌리기

✖ 빈 회전판에 다음과 같이 펜토미노를 놓고 주어진 만큼 계속 돌려 보세요. 돌렸을 때의 모양대로 빈 곳에 알맞게 색칠해 보세요.

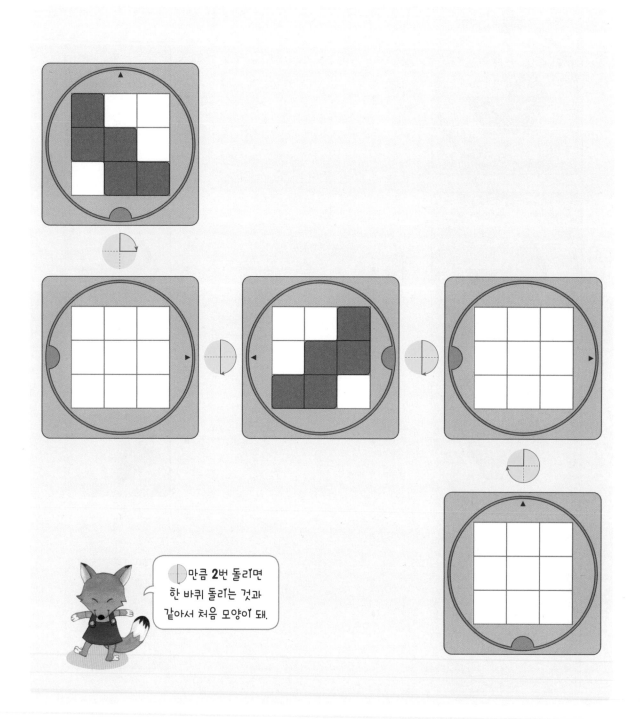

🔸 만큼 **2**번 돌리면 한 바퀴 돌리는 것과 같아서 처음 모양이 돼.

돌린 방법 찾기

✂ 그림을 돌린 방법을 찾아 빈 곳에 알맞은 스티커를 붙여 보세요.

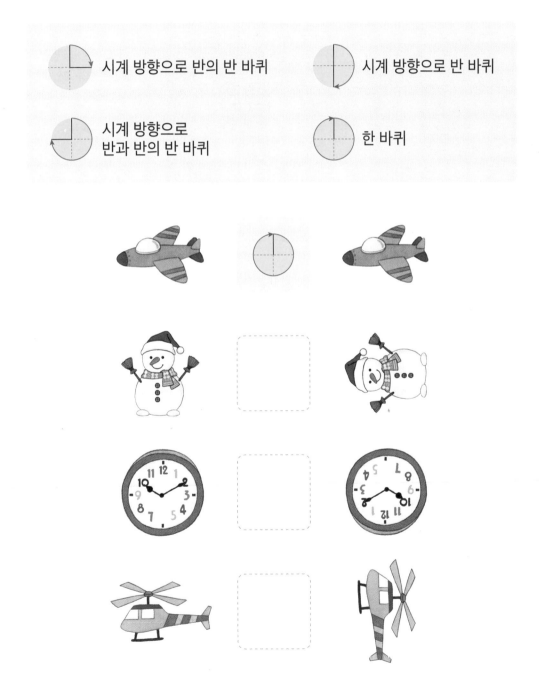

시계 방향으로 반의 반 바퀴

시계 방향으로 반 바퀴

시계 방향으로 반과 반의 반 바퀴

한 바퀴

준비물 회전판, 펜토미노

주어진 펜토미노를 각각 회전판 위에 놓고 만큼 돌려 보세요. 돌렸을 때 처음과 같은 모양에 모두 ○표 하세요.

펜토미노턴 A

펜토미노턴 A

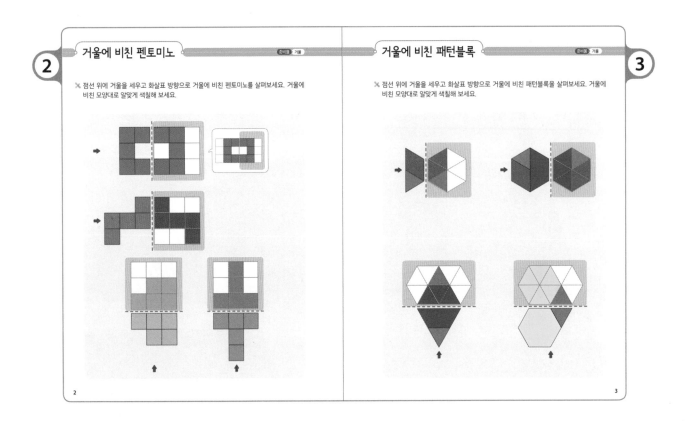

거울에 비친 펜토미노
준비물 거울

2

점선 위에 거울을 세우고 화살표 방향으로 거울에 비친 펜토미노를 살펴보세요. 거울에 비친 모양대로 알맞게 색칠해 보세요.

거울에 비친 패턴블록
준비물 거울

3

점선 위에 거울을 세우고 화살표 방향으로 거울에 비친 패턴블록을 살펴보세요. 거울에 비친 모양대로 알맞게 색칠해 보세요.

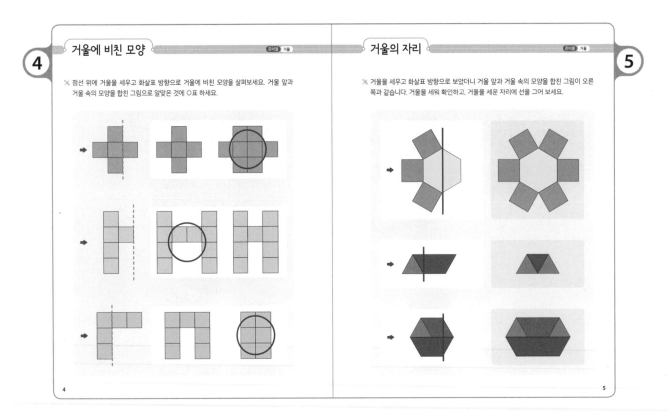

거울에 비친 모양
준비물 거울

4

점선 위에 거울을 세우고 화살표 방향으로 거울에 비친 모양을 살펴보세요. 거울 앞과 거울 속의 모양을 합한 그림으로 알맞은 것에 ○표 하세요.

거울의 자리
준비물 거울

5

거울을 세우고 화살표 방향으로 보았더니 거울 앞과 거울 속의 모양을 합친 그림이 오른쪽과 같습니다. 거울을 세워 확인하고, 거울을 세운 자리에 선을 그어 보세요.

6 틀린 그림 찾기 _{준비물 거울, 스티커}

✖ 점선 위에 거울을 세우고 화살표 방향으로 거울 속을 살펴보세요. 오른쪽 그림에서 잘못된 곳을 **2**군데씩 찾은 다음, 잘못된 그림 위에 올바르게 스티커를 붙여 보세요.

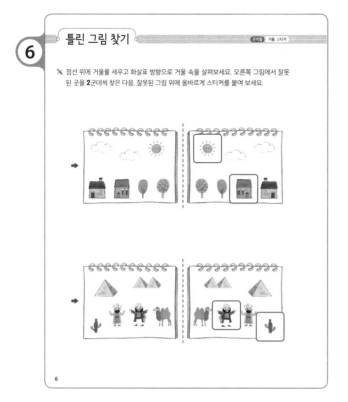

6

8 옆으로 뒤집기 _{준비물 펜토미노, 스티커}

✖ 주어진 펜토미노를 왼쪽과 오른쪽으로 각각 뒤집어 보세요. 뒤집었을 때의 모양대로 빈 곳에 스티커를 붙여 보세요.

위와 아래로 뒤집기 _{준비물 펜토미노, 스티커} **9**

✖ 주어진 펜토미노를 위쪽과 아래쪽으로 각각 뒤집어 보세요. 뒤집었을 때의 모양대로 빈 곳에 스티커를 붙여 보세요.

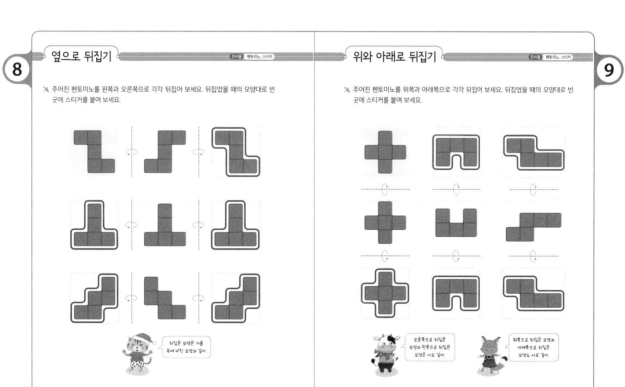

뒤집은 모양은 거울 속에 비친 모양과 같아.

오른쪽으로 뒤집은 모양과 왼쪽으로 뒤집은 모양은 서로 같아.

위쪽으로 뒤집은 모양과 아래쪽으로 뒤집은 모양도 서로 같아.

8   9

펜토미노턴 A

뒤집어진 배

배를 네 방향으로 뒤집었을 때의 모양을 각각 찾아 이어 보세요.

패턴블록 뒤집기

패턴블록을 주어진 방향으로 뒤집었을 때의 모양을 찾아 ○표 하세요.

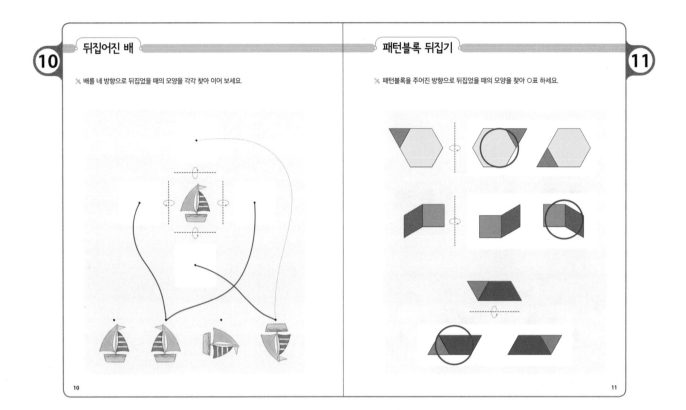

릴레이 뒤집기

펜토미노를 주어진 방향으로 계속 뒤집어 보세요. 뒤집었을 때의 모양대로 빈칸에 알맞게 색칠해 보세요.

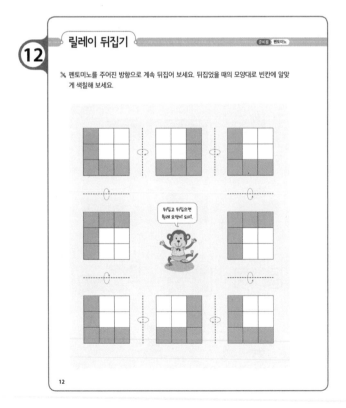

뒤집고 뒤집으면
원래 모양이 되지.

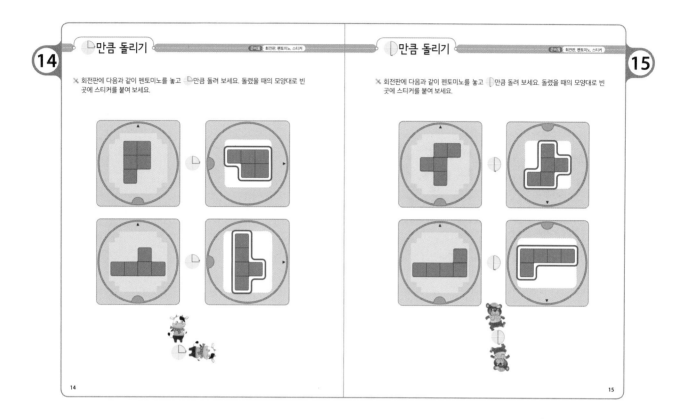

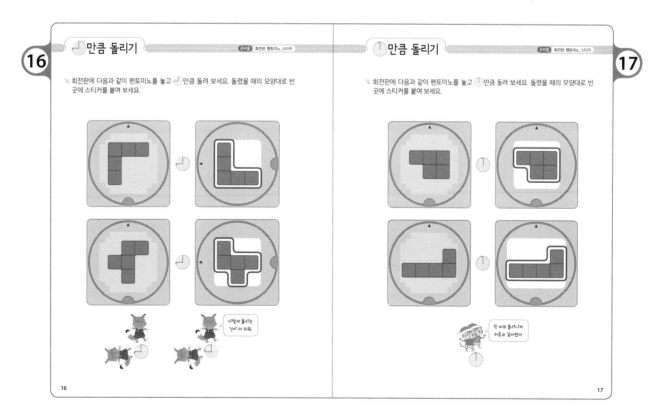

펜토미노턴 A

같은 모양 찾기

✖ 펜토미노 카드와 같은 모양의 펜토미노를 찾아 짝지어 봅시다.

준비물 펜토미노 카드, 펜토미노

펜토미노턴 교구 활동

1 빨간색 테두리의 펜토미노 카드 11장과 펜토미노를 준비합니다.

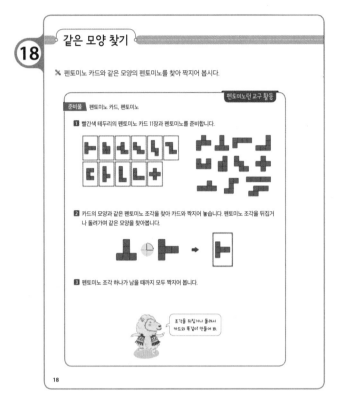

2 카드의 모양과 같은 펜토미노 조각을 찾아 카드와 짝지어 놓습니다. 펜토미노 조각을 뒤집거나 돌려가며 같은 모양을 찾아봅니다.

3 펜토미노 조각 하나가 남을 때까지 모두 짝지어 봅니다.

조각을 뒤집거나 돌려서 카드와 똑같이 만들어 봐.

펜토미노 돌리기

준비물 회전판 펜토미노

✖ 빈 회전판에 다음과 같이 펜토미노를 놓고 네 방향으로 돌려 보세요. 돌렸을 때의 모양대로 빈 곳에 알맞게 색칠해 보세요.

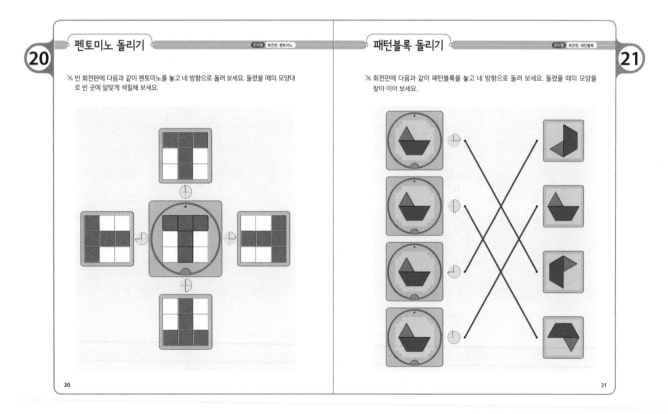

패턴블록 돌리기

준비물 회전판 패턴블록

✖ 회전판에 다음과 같이 패턴블록을 놓고 네 방향으로 돌려 보세요. 돌렸을 때의 모양을 찾아 이어 보세요.

22 릴레이 돌리기

준비물 회전판, 펜토미노

🖎 빈 회전판에 다음과 같이 펜토미노를 놓고 주어진 만큼 계속 돌려 보세요. 돌렸을 때의 모양대로 빈 곳에 알맞게 색칠해 보세요.

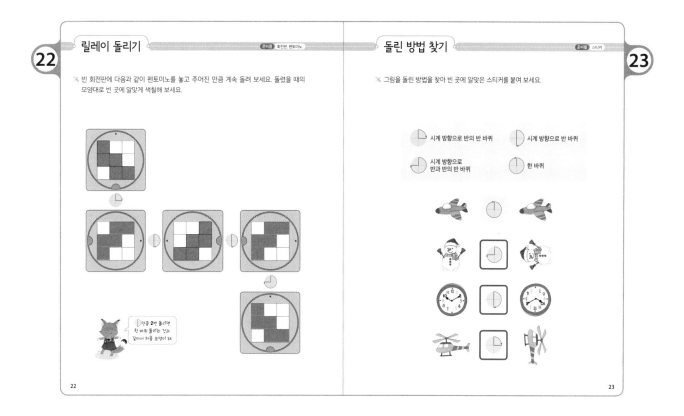

23 돌린 방법 찾기

준비물 스티커

🖎 그림을 돌린 방법을 찾아 빈 곳에 알맞은 스티커를 붙여 보세요.

22

23

24 처음과 같은 모양

준비물 회전판, 펜토미노

🖎 주어진 펜토미노를 각각 회전판 위에 놓고 ◐만큼 돌려 보세요. 돌렸을 때 처음과 같은 모양에 모두 ○표 하세요.

24

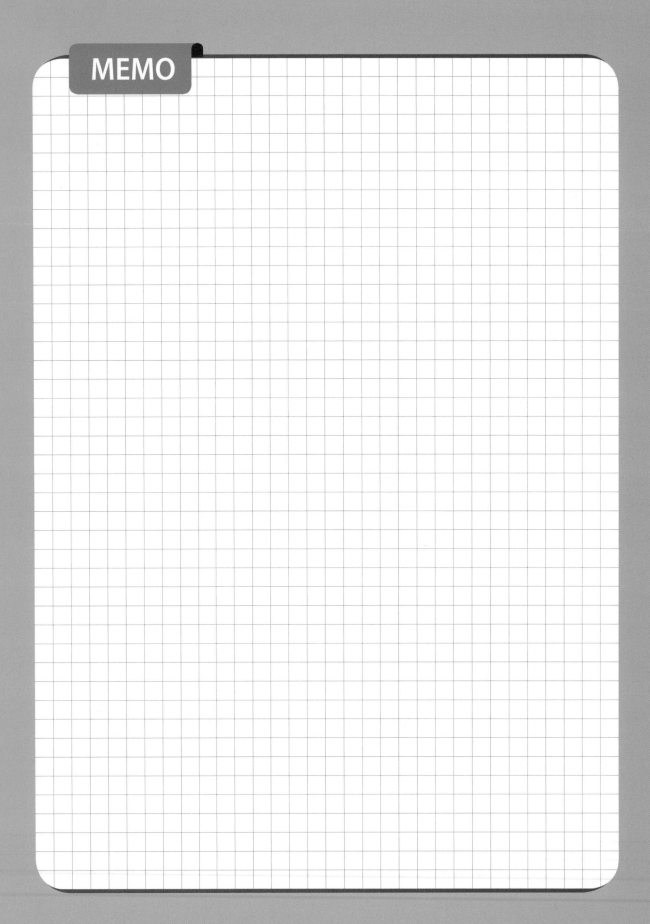

MEMO

펜토미노턴 A

8~9쪽
14~17쪽

8~9쪽
14~17쪽

6쪽

23쪽

초등 수학 교구 상자

펜토미노턴

평면 공간감각을 길러주는 회전 펜토미노 퍼즐

초등학생들이 어려워하는 '평면도형의 이동'을 펜토미노와 패턴 블록으로 도형을 직접 돌려보며 재미있게 해결하는 공간감각 퍼즐입니다.

큐브빌드

입체 공간감각을 길러주는 멀티큐브 퍼즐

  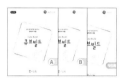

머릿속으로 그리기 어려운 입체도형을 쌓기나무와 멀티큐브를 이용하여 직접 만들어 위, 앞, 옆 모양을 관찰하고, 다양한 입체 모양을 만드는 공간감각 퍼즐입니다.

폴리탄

도형감각을 길러주는 입체 칠교 퍼즐

정사각형을 7조각으로 자른 '입체 칠교'와 직각이등변삼각형을 붙인 '입체 볼로'를 활용하여 평면뿐만 아니라 다양한 입체도형 문제를 해결하는 퍼즐입니다.

트랜스넘버

자유자재로 식을 만드는 멀티 숫자 퍼즐

자유자재로 식을 만들고 이를 변형, 응용하는 활동을 통해 연산 원리와 연산감각을 길러주는 멀티 숫자 퍼즐입니다.

머긴스빙고

수 감각을 길러주는 창의 연산 보드 게임

빙고 게임과 머긴스 게임을 활용하여 수 감각과 연산 능력을 끌어올리고 전략적 사고를 키우는 사고력 보드 게임입니다.

폴리스퀘어

공간감각을 길러주는 입체 폴리오미노 보드 게임

모노미노부터 펜토미노까지의 폴리오미노를 이용하여 다양한 모양을 만들어 보고, 공간을 차지하는 게임으로 공간감각을 키우는 공간점령 보드 게임입니다.

큐보이드

입체를 펼치고 접는 공간 전개도 퍼즐

여러 가지 모양의 면을 자유롭게 연결하여 접었다 펼치는 활동을 통해 직육면체 전개도의 모든 것을 알아보는 공간 전개도 퍼즐입니다.

I hear and I forget 들기만 한 것은 잊어버리고

I see and I remember 본 것은 기억되지만

I do and I understand 직접 해 본 것은 이해가 된다

Pentomino Turn

펜토미노턴

펴낸곳: ㈜씨투엠에듀　　발행인: 한헌조

이 책의 전부 또는 일부에 대한 무단전재와 무단복제를 금합니다.

모델명: 필즈엠_펜토미노턴
제조년월: 2022년 3월
주소 및 전화번호: 경기도 수원시 장안구 파장로 7(태영빌딩 3층) / 031-548-1191
제조국명: 한국

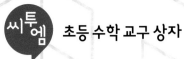
씨투엠 초등 수학 교구 상자

평면 공간감각을 길러주는
회전 도형 퍼즐

Pentomino Turn

펜토미노턴

B

Creative to Math
씨투엠

차 례

"꿈꾸는 아이들을 위한 교육 사다리"

논리와 재미, 즐거운 수학 교육을 위한 최고의 콘텐츠를 만들겠습니다

Creative to Math
씨투엠

• 법인명: ㈜씨투엠에듀(C2MEDU corp.)

• CEO: 한헌조

• 창립연도: 2014년 10월

• 홈페이지: www.c2medu.co.kr

01 뒤집기

연관 활동: 교구 매뉴얼 activity 1, 4

글자와 숫자 뒤집기

글자를 이용하여 재미있는 뒤집기 활동을 할 수 있습니다. 오른쪽 또는 아래쪽으로
뒤집었을 때 처음과 같은 글자 찾기, 뒤집었을 때 글자가 되는 글자 찾기 등의 활동
은 공간감각과 더불어 창의성을 기르는 데도 도움이 됩니다.

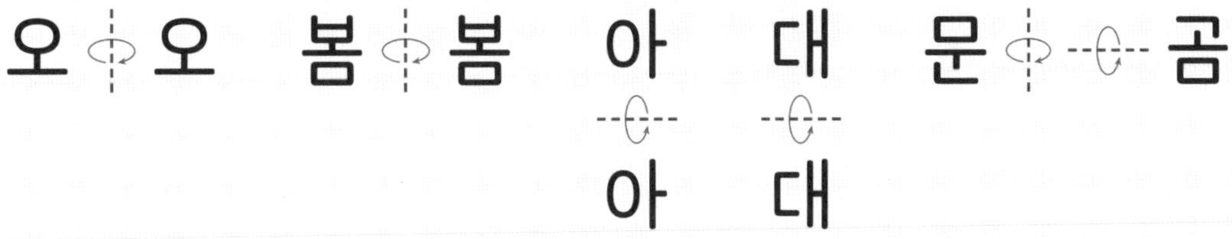

오 ⟷ 오 봄 ⟷ 봄 아 대 문 ⟷ 곰

아 대

또한 숫자를 뒤집어서도 재미있는 활동을 할 수 있는데 숫자를 뒤집을 때는 주로
선으로 이루어진 디지털 숫자를 이용합니다.

0123456789

디지털 숫자

거울에 비친 펜토미노

준비물 ▸ 회전판, 펜토미노, 거울

✖ 회전판에 다음과 같이 펜토미노를 놓고 왼쪽, 오른쪽, 위쪽, 아래쪽으로 거울을 세워 비춰 보세요. 거울에 비친 모양을 빈 곳에 알맞게 그려 보세요.

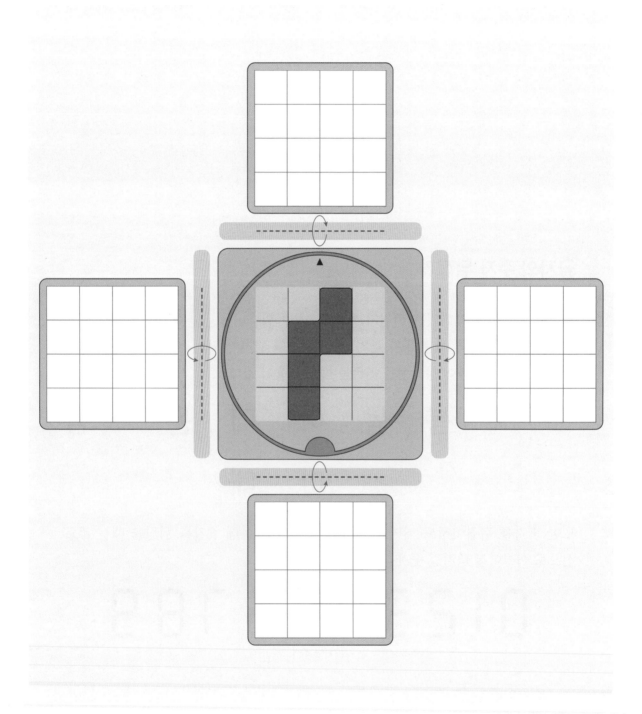

도형 뒤집기

✂️ 도형을 주어진 방향으로 뒤집었을 때의 도형을 그려 보세요. 도형을 그리고 거울로 확인 해 보세요.

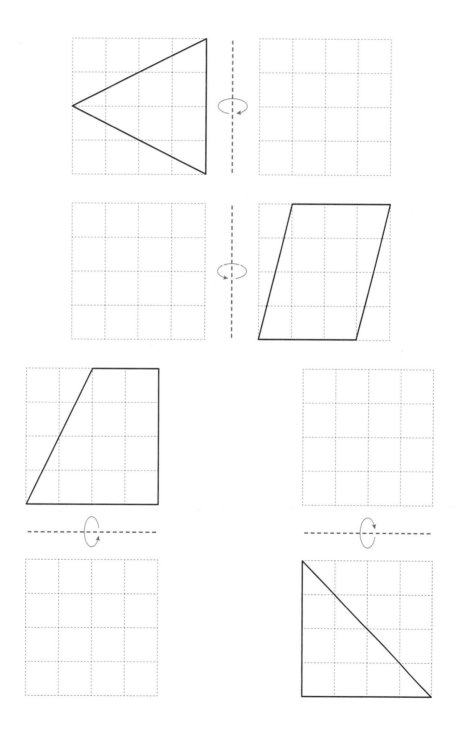

퍼즐 맞추기

✖ 주어진 펜토미노를 뒤집어서 퍼즐의 빈 곳을 맞추려고 합니다. 뒤집는 방법에 ○표 하고,
스티커를 붙여 퍼즐을 완성해 보세요.

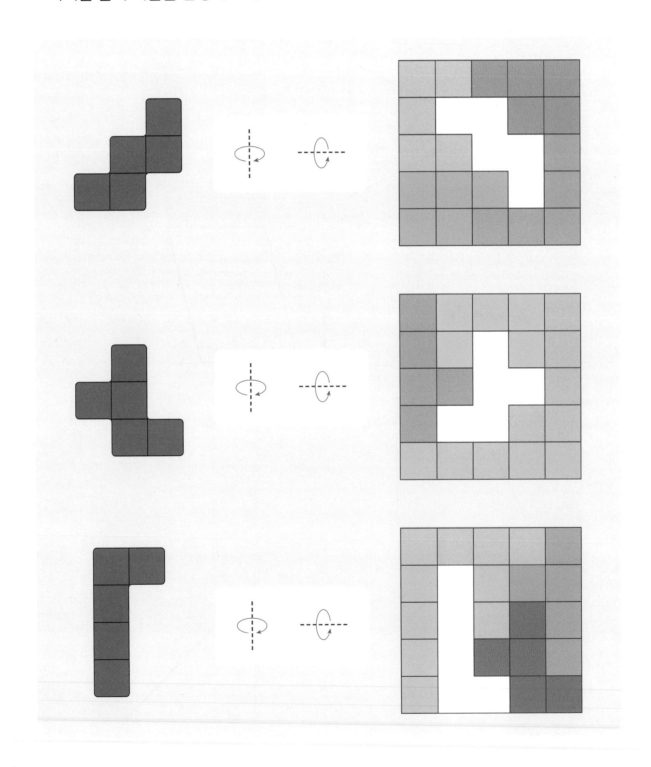

숫자 뒤집기

✖ 디지털 숫자를 뒤집습니다. 물음에 맞게 빈 곳에 스티커를 붙여 보세요.

2를 오른쪽으로 뒤집으면 ⬜ 가 됩니다.

9를 위쪽으로 뒤집고 왼쪽으로 뒤집으면 ⬜ 이 됩니다.

아래쪽으로 뒤집어도 처음과 같은 숫자는

⬜ , ⬜ , ⬜ , ⬜ 입니다.

도형 뒤집기

✖ 오른쪽과 아래쪽으로 뒤집었을 때의 모양을 만들어 봅시다.

펜토미노턴 교구 활동

준비물 회전판, 퍼즐판 2개, 펜토미노 격자 카드, 모노미노, 거울

1 연두색 테두리의 펜토미노 격자 카드 11장을 준비합니다.
회전판과 퍼즐판을 오른쪽과 같이 놓습니다.

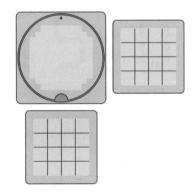

2 회전판에 펜토미노 격자 카드 1장을 놓습니다.

3 놓은 카드를 각각 오른쪽과 아래쪽으로 뒤집었을 때의
모양을 퍼즐판 위에 모노미노로 놓습니다.

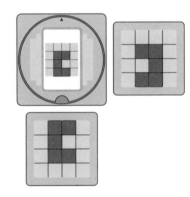

4 카드를 직접 뒤집거나 거울을 이용하여 만든 모양이 올바른지 확인합니다.

5 같은 방법으로 여러 가지 펜토미노를 뒤집은 모양을 만들어 봅니다.

파란색 패턴블록 카드와 패턴블록
으로도 뒤집은 모양을 만들 수 있어.

02 돌리기

연관 활동: 교구 매뉴얼 activity 1, 4

글자와 숫자 돌리기

글자와 숫자를 뒤집는 활동에 이어서 글자와 숫자를 돌려서도 재미있는 활동을 할 수 있습니다. 반 바퀴 돌렸을 때 처음과 같은 글자(숫자) 찾기, 반 바퀴 돌렸을 때 글자(숫자)가 되는 글자(숫자) 찾기 등 여러 가지 활동이 있습니다.

응 ◖ 응   를 ◖ 를   물 ◖ 롬   곰 ◖ 문

0 ◖ 0   2 ◖ 2   9 ◖ 6   15 ◖ 51

디지털 숫자 중에서 0, 1, 2, 5, 8은 반 바퀴 돌려도 처음과 같은 숫자이고, 6과 9는 반 바퀴 돌렸을 때 각각 9와 6으로 바뀝니다.

회전판 위의 펜토미노

준비물 · 회전판, 펜토미노

✖ 회전판에 다음과 같이 펜토미노를 놓고 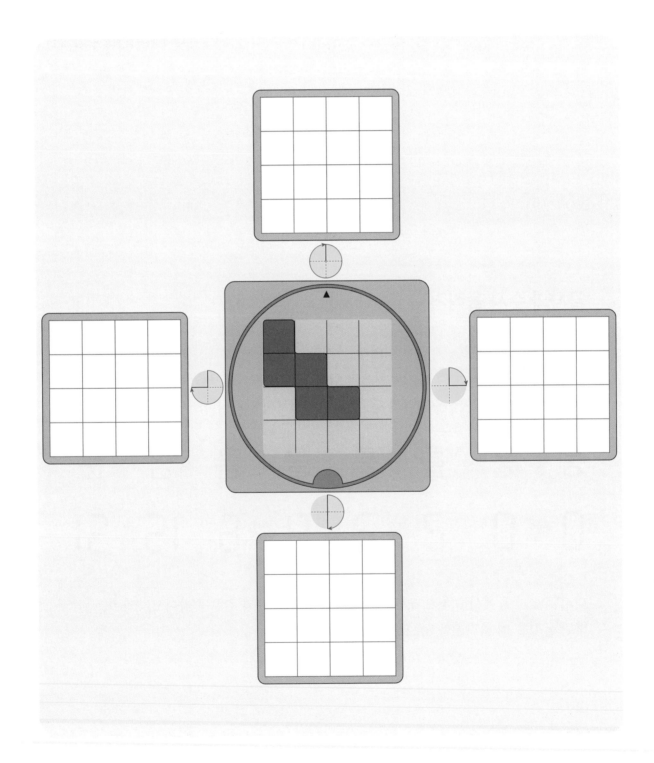, , , 만큼 돌려 보세요. 돌린 모양을 빈 곳에 알맞게 그려 보세요.

도형 돌리기

🔆 도형을 주어진 방향으로 돌렸을 때의 도형을 그려 보세요.

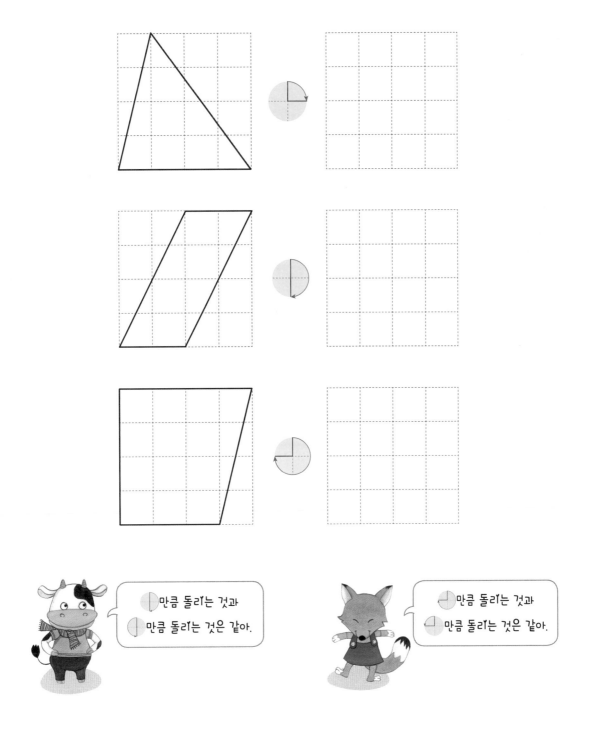

패턴블록을 주어진 방향으로 돌렸을 때의 모양을 찾아 ○표 하세요.

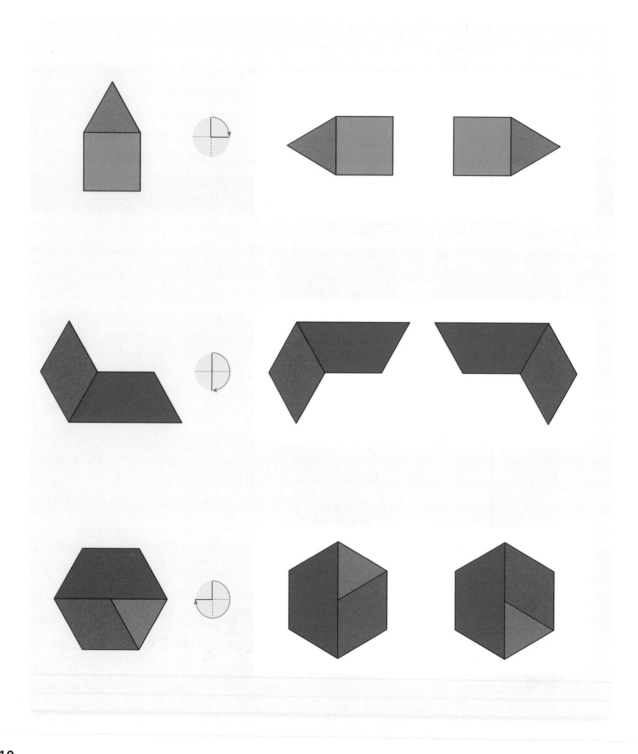

글자 돌리기

✂ 여러 가지 글자가 있습니다. 물음에 맞는 글자를 찾아 모두 써 보세요.

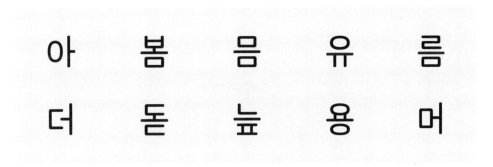

◗만큼 돌려도 글자가 되는 글자를 모두 써 보세요.

◗만큼 돌려도 글자가 되는 글자를 모두 써 보세요.

◗만큼 돌렸을 때 처음과 같은 글자를 써 보세요.

도형 돌리기

✖ ⬤, ⬤, ⬤만큼 돌렸을 때의 모양을 만들어 봅시다.

준비물 회전판, 퍼즐판 3개, 펜토미노 격자 카드, 모노미노

1 연두색 테두리의 펜토미노 격자 카드 11장을 준비합니다. 회전판과 퍼즐판을 다음과 같이 놓습니다.

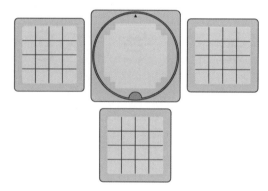

2 회전판에 펜토미노 격자 카드 1장을 놓습니다.

3 놓은 카드를 각각 ⬤, ⬤, ⬤만큼 돌렸을 때의 모양을 퍼즐판 위에 모노미노로 놓습니다.

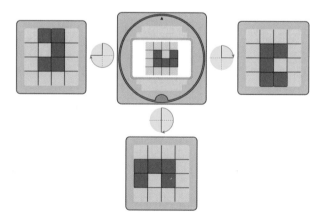

4 회전판을 돌려가며 만든 모양이 올바른지 확인합니다.

5 같은 방법으로 여러 가지 펜토미노를 돌린 모양을 만들어 봅니다. 패턴블록 카드와 패턴블록으로도 돌린 모양을 만들 수 있습니다.

뒤집기와 돌리기

연관 활동: 교구 매뉴얼 activity 1, 2

두 번 뒤집으면 돌린 도형

도형 뒤집기와 돌리기는 함께 이해하는 것이 중요합니다. 어떤 도형은 한 번 뒤집은 채로 돌리면 처음 도형이 되지만 어떤 도형은 한 번 뒤집은 채로 아무리 돌려도 처음 도형이 되지 않습니다.

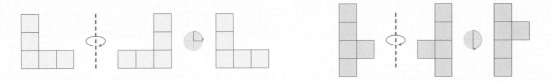

따라서 도형을 어떻게든 두 번 뒤집으면 반드시 돌린 도형이 됩니다. 같은 방향으로 두 번 뒤집으면 처음 도형과 같아지고, 오른쪽(왼쪽)으로 뒤집고 위쪽(아래쪽)으로 뒤집으면 반 바퀴 돌린 도형이 됩니다.

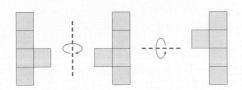
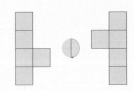

4번 뒤집기

✖ 도형을 주어진 방향으로 뒤집었을 때의 도형을 그려 보세요.

위와 같은 뒤집기를 이용
하여 무늬를 만들 수 있어.

4번 돌리기

✎ 도형을 주어진 방향으로 돌렸을 때의 도형을 그려 보세요.

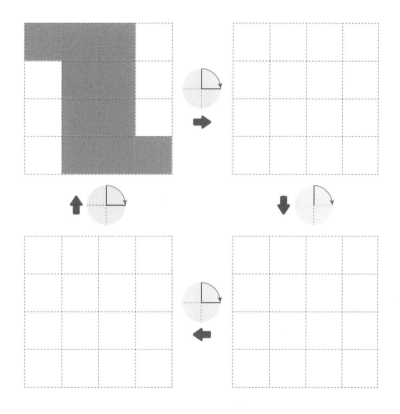

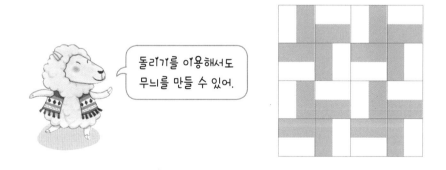

돌리기를 이용해서도
무늬를 만들 수 있어.

도형을 한 번 움직였습니다. 움직인 방법 하나를 찾아 ○표 하세요.

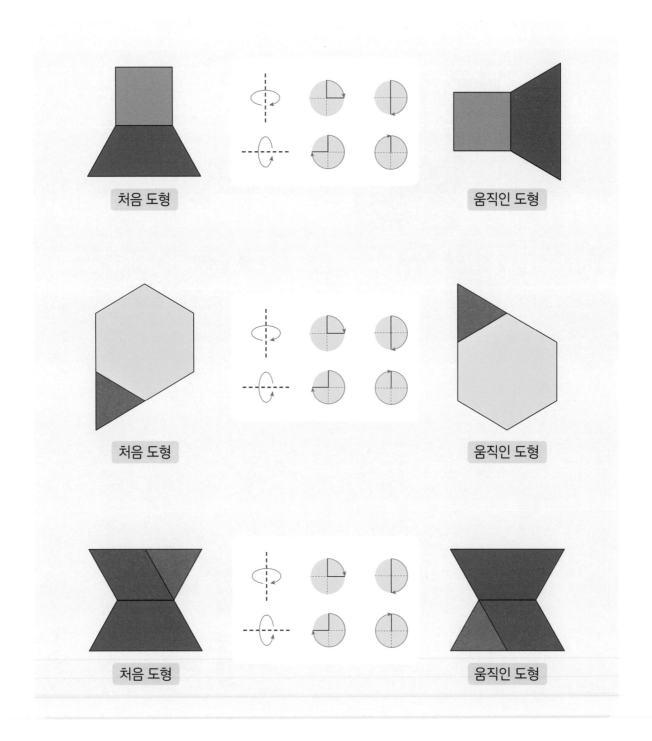

처음 도형   움직인 도형

처음 도형   움직인 도형

처음 도형   움직인 도형

✂ 회전판에 펜토미노를 놓고 주어진 방향으로 회전판을 돌리거나 펜토미노를 뒤집어 보세요. 빈 곳에 움직였을 때의 도형을 각각 그리고 알맞은 말에 ○표 하세요.

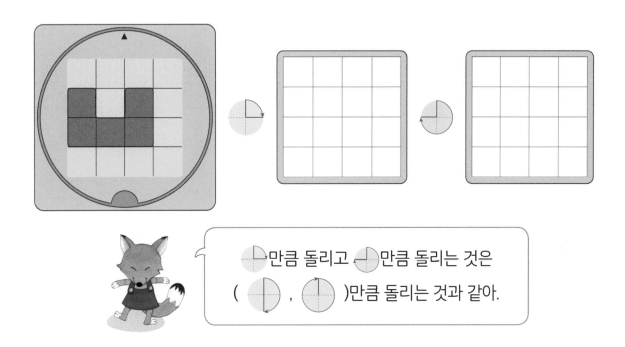

수 바꾸기

✖ 두 자리 수와 세 자리 수가 적힌 카드를 ◖만큼 돌렸을 때 만들어지는 수를 써 보세요.

81 ◖ (   )

99 ◖ (   )

62 ◖ (   )

105 ◖ (   )

891 ◖ (   )

04 뒤집고 돌리기

연관 활동: 교구 매뉴얼 activity 2

테트리스

1985년 러시아의 모스크바 아카데미 연구원이었던 알렉세이 파지노프는 정사각형 4개를 붙여 만든 도형인 테트로미노(Tetromino)를 이용하여 '테트리스'라는 컴퓨터 게임을 만들었습니다. 테트리스는 위에서 떨어지는 테트로미노 블록을 밀거나 돌려서 최대한 빈틈없이 쌓는 게임입니다. 블록을 쌓다가 가로 한 줄이 채워지면 그 줄의 블록들은 없어지고, 만약 가로 한 줄에 어느 한 칸이라도 비워져 있으면 그 줄의 블록은 없어지지 않습니다.

테트로미노는 모두 5가지입니다. 하지만 테트리스 게임은 뒤집기를 할 수 없기 때문에 한 번 뒤집어서 돌렸을 때 처음 도형과 겹쳐지지 않는 2가지 조각이 더 추가되었습니다.

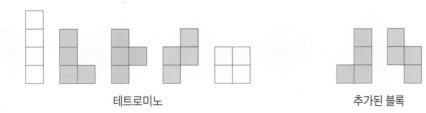

테트로미노   추가된 블록

두 번 움직이기

✖ 회전판에 펜토미노를 놓고 주어진 방향으로 회전판을 돌리거나 펜토미노를 뒤집어 보세요. 빈 곳에 움직였을 때의 도형을 각각 그려 보세요.

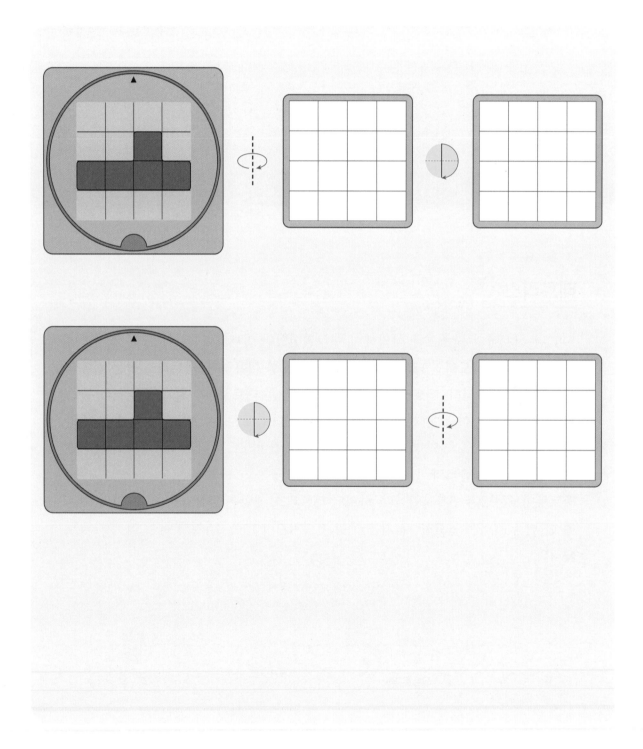

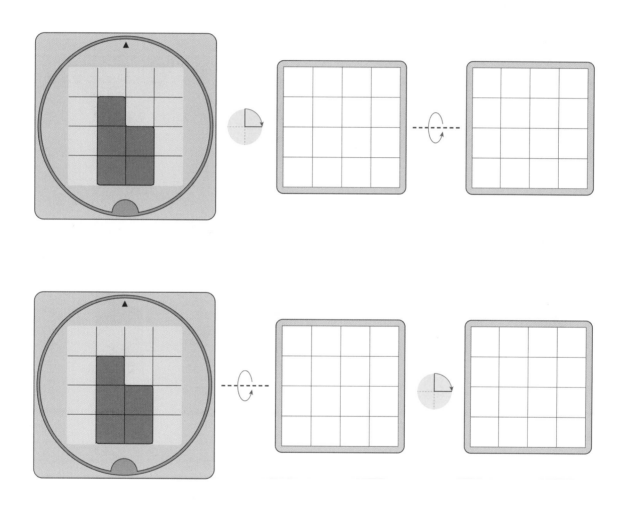

도형을 움직이는 순서가 바뀌면
마지막 모양도 바뀔 수 있어.

패턴블록 이동

🕸 패턴블록을 주어진 방향으로 차례로 움직였을 때의 모양을 찾아 ○표 하세요.

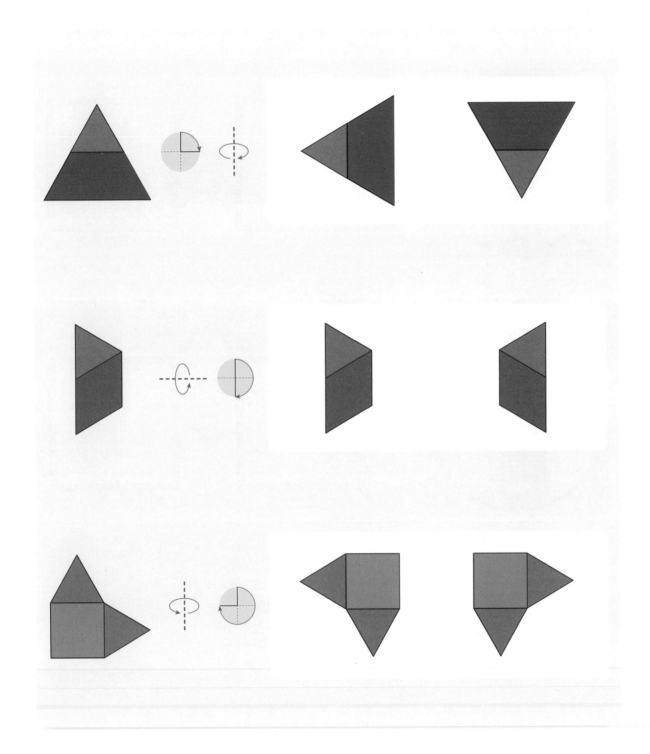

펜토미노 이동

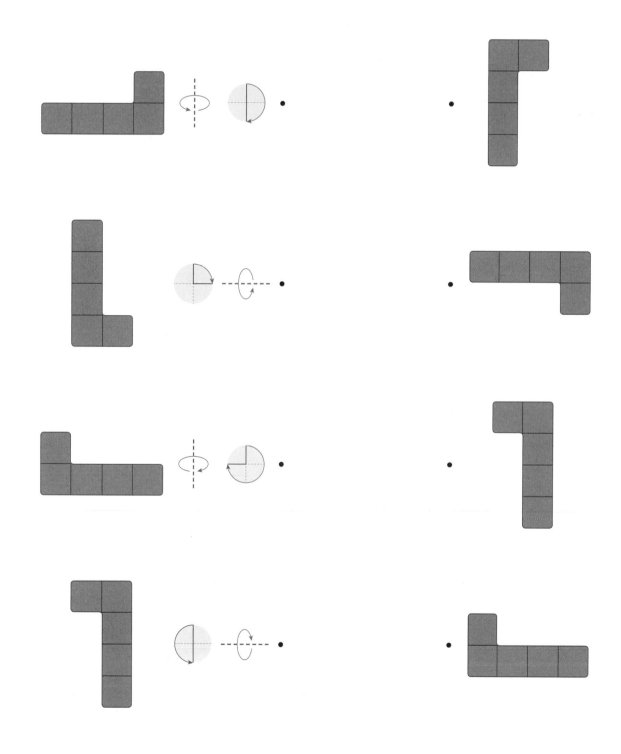

펜토미노를 주어진 방향으로 차례로 움직였습니다. 움직였을 때의 모양을 찾아 이어 보세요.

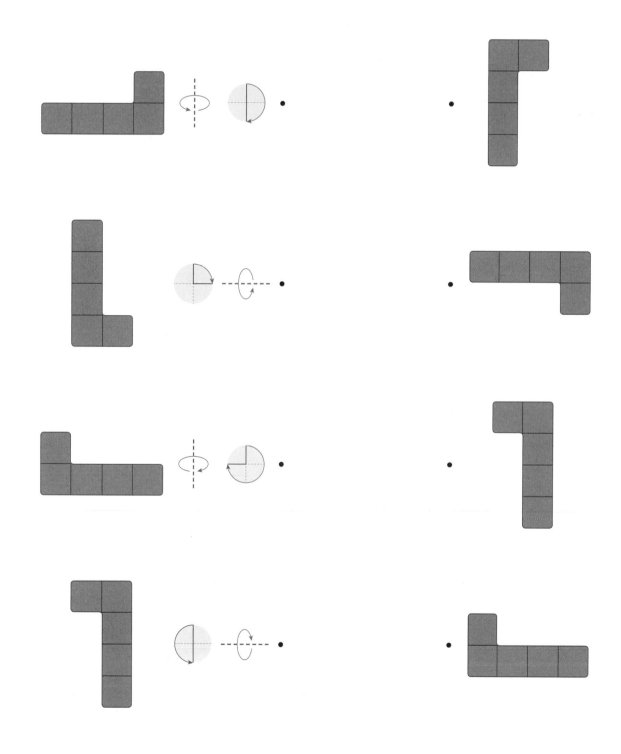

움직인 방법

✄ 주어진 펜토미노를 움직여서 퍼즐의 빈 곳을 맞추려고 합니다. 알맞은 말에 ○표 하고, 스티커를 붙여 퍼즐을 완성해 보세요.

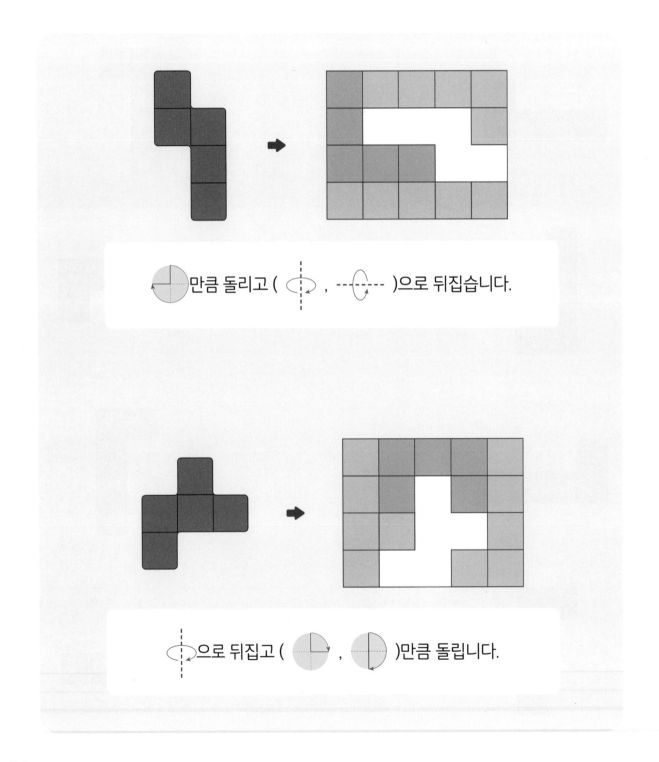

정답

펜토미노턴 B

펜토미노턴 B

거울에 비친 펜토미노
준비물 회전판, 펜토미노, 거울

회전판에 다음과 같이 펜토미노를 놓고 왼쪽, 오른쪽, 위쪽, 아래쪽으로 거울을 세워 비춰 보세요. 거울에 비친 모양을 빈 곳에 알맞게 그려 보세요.

3

도형 뒤집기
준비물 거울

도형을 주어진 방향으로 뒤집었을 때의 도형을 그려 보세요. 도형을 그리고 거울로 확인해 보세요.

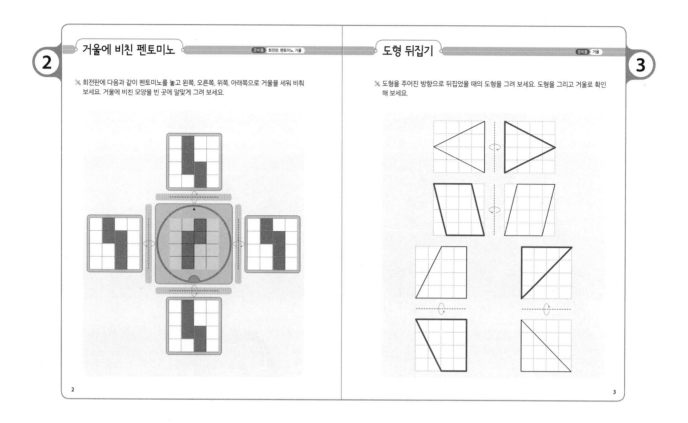

퍼즐 맞추기
준비물 스티커

주어진 펜토미노를 뒤집어서 퍼즐의 빈 곳을 맞추려고 합니다. 뒤집는 방법에 ○표 하고, 스티커를 붙여 퍼즐을 완성해 보세요.

숫자 뒤집기
준비물 스티커

디지털 숫자를 뒤집습니다. 물음에 맞게 빈 곳에 스티커를 붙여 보세요.

0123456789

2를 오른쪽으로 뒤집으면 5 가 됩니다.

9를 위쪽으로 뒤집고 왼쪽으로 뒤집으면 6 이 됩니다.

아래쪽으로 뒤집어도 처음과 같은 숫자는 0 1 3 8 입니다.

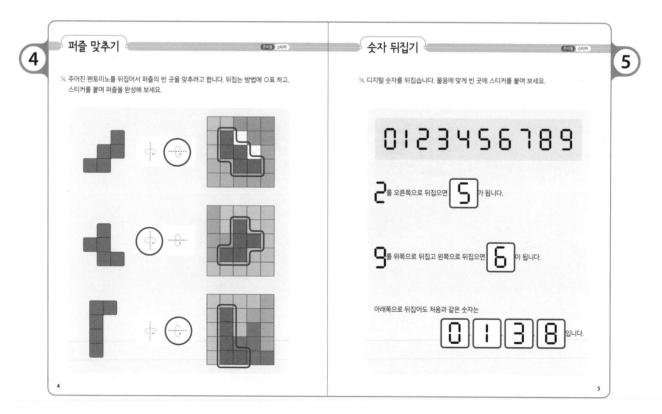

6 도형 뒤집기

✂ 오른쪽과 아래쪽으로 뒤집었을 때의 모양을 만들어 봅시다.

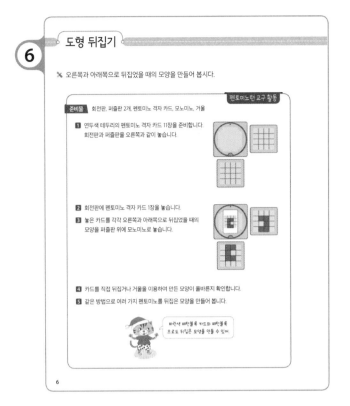

펜토미노턴 교구 활동

준비물 회전판, 퍼즐판 2개, 펜토미노 격자 카드, 모노미노, 거울

1 연두색 테두리의 펜토미노 격자 카드 11장을 준비합니다.
회전판과 퍼즐판을 오른쪽과 같이 놓습니다.

2 회전판에 펜토미노 격자 카드 1장을 놓습니다.

3 놓은 카드를 각각 오른쪽과 아래쪽으로 뒤집었을 때의
모양을 퍼즐판 위에 모노미노로 놓습니다.

4 카드를 직접 뒤집거나 거울을 이용하여 만든 모양이 올바른지 확인합니다.

5 같은 방법으로 여러 가지 펜토미노를 뒤집은 모양을 만들어 봅니다.

파란색 패턴블록 카드와 패턴블록
으로도 뒤집은 모양을 만들 수 있어

6

8 회전판 위의 펜토미노

준비물 회전판 펜토미노

✂ 회전판에 다음과 같이 펜토미노를 놓고 ◔, ◑, ◕ 만큼 돌려 보세요. 돌린 모양
을 빈 곳에 알맞게 그려 보세요.

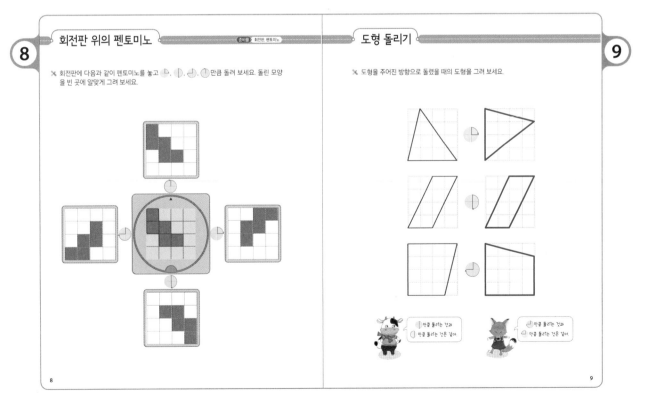

8

9 도형 돌리기

✂ 도형을 주어진 방향으로 돌렸을 때의 도형을 그려 보세요.

만큼 돌리는 것과
만큼 돌리는 것은 같아

만큼 돌리는 것과
만큼 돌리는 것은 같아

9

펜토미노턴 B

패턴블록 돌리기

✖ 패턴블록을 주어진 방향으로 돌렸을 때의 모양을 찾아 ○표 하세요.

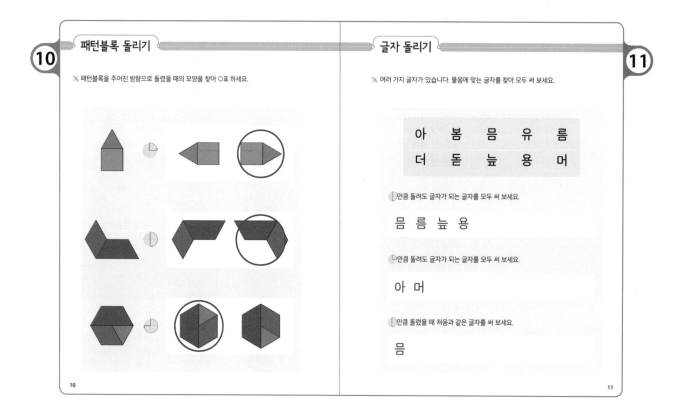

글자 돌리기

✖ 여러 가지 글자가 있습니다. 물음에 맞는 글자를 찾아 모두 써 보세요.

아	봄	믐	유	름
더	돋	늪	용	머

◗만큼 돌려도 글자가 되는 글자를 모두 써 보세요.

믐   름   늪   용

◗만큼 돌려도 글자가 되는 글자를 모두 써 보세요.

아   머

◗만큼 돌렸을 때 처음과 같은 글자를 써 보세요.

믐

도형 돌리기

✖ ◔ ◑ ◕ 만큼 돌렸을 때의 모양을 만들어 봅시다.

펜토미노턴 교구 활동

준비물 회전판, 퍼즐판 3개, 펜토미노 격자 카드, 모노미노

1 연두색 테두리의 펜토미노 격자 카드 11장을 준비합니다. 회전판과 퍼즐판을 다음과 같이 놓습니다.

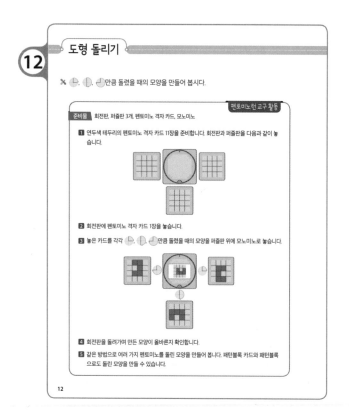

2 회전판에 펜토미노 격자 카드 1장을 놓습니다.

3 놓은 카드를 각각 ◔ ◑ ◕ 만큼 돌렸을 때의 모양을 퍼즐판 위에 모노미노로 놓습니다.

4 회전판을 돌려가며 만든 모양이 올바른지 확인합니다.

5 같은 방법으로 여러 가지 펜토미노를 돌린 모양을 만들어 봅니다. 패턴블록 카드와 패턴블록으로도 돌린 모양을 만들 수 있습니다.

14 4번 뒤집기

✗ 도형을 주어진 방향으로 뒤집었을 때의 도형을 그려 보세요.

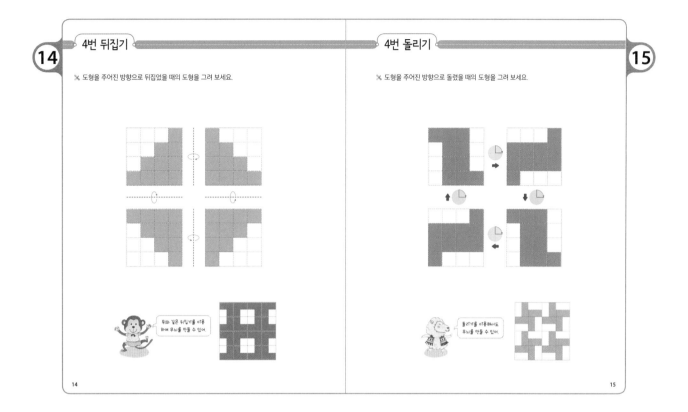

15 4번 돌리기

✗ 도형을 주어진 방향으로 돌렸을 때의 도형을 그려 보세요.

16 움직인 방법 1

✗ 도형을 한 번 움직였습니다. 움직인 방법 하나를 찾아 ○표 하세요.

처음 도형　　움직인 도형

처음 도형　　움직인 도형

처음 도형　　움직인 도형

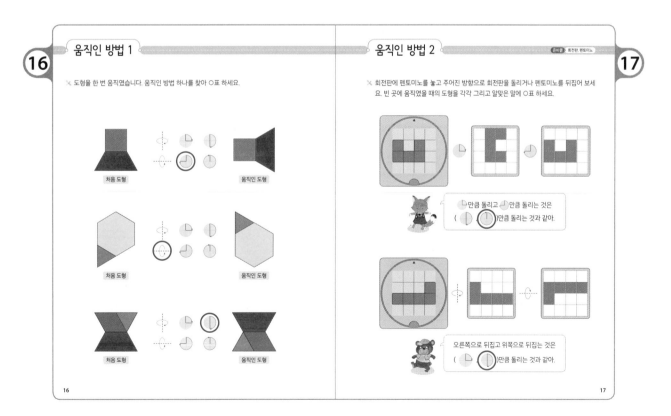

17 움직인 방법 2

✗ 회전판에 펜토미노를 놓고 주어진 방향으로 회전판을 돌리거나 펜토미노를 뒤집어 보세요. 빈 곳에 움직였을 때의 도형을 각각 그리고 알맞은 말에 ○표 하세요.

만큼 돌리고 만큼 돌리는 것은 (　　)만큼 돌리는 것과 같아.

오른쪽으로 뒤집고 위쪽으로 뒤집는 것은 (　　)만큼 돌리는 것과 같아.

펜토미노턴 B

18

수 바꾸기

✖ 두 자리 수와 세 자리 수가 적힌 카드를 ◐ 만큼 돌렸을 때 만들어지는 수를 써 보세요.

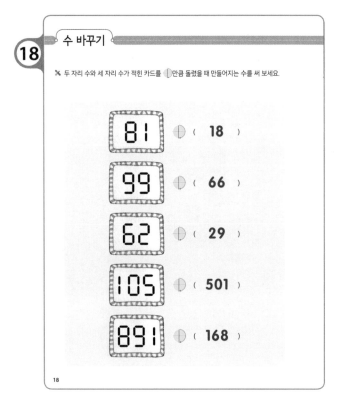

18

20

두 번 움직이기

회전판, 펜토미노

✖ 회전판에 펜토미노를 놓고 주어진 방향으로 회전판을 돌리거나 펜토미노를 뒤집어 보세요. 빈 곳에 움직였을 때의 도형을 각각 그려 보세요.

21

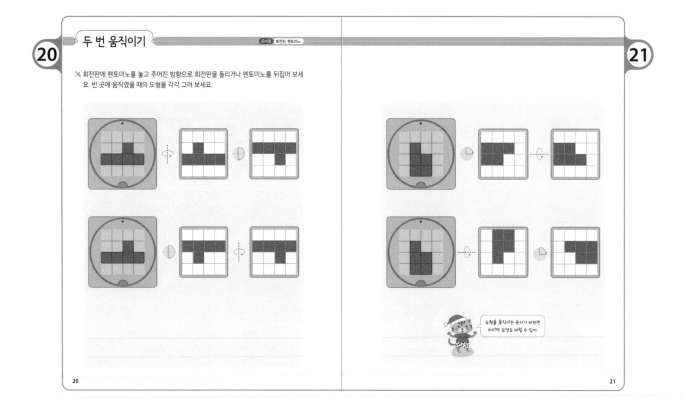

도형을 움직이는 순서가 바뀌면 마지막 모양도 바뀔 수 있어.

20

21

22 패턴블록 이동

✎ 패턴블록을 주어진 방향으로 차례로 움직였을 때의 모양을 찾아 ○표 하세요.

23 펜토미노 이동

✎ 펜토미노를 주어진 방향으로 차례로 움직였습니다. 움직였을 때의 모양을 찾아 이어 보세요.

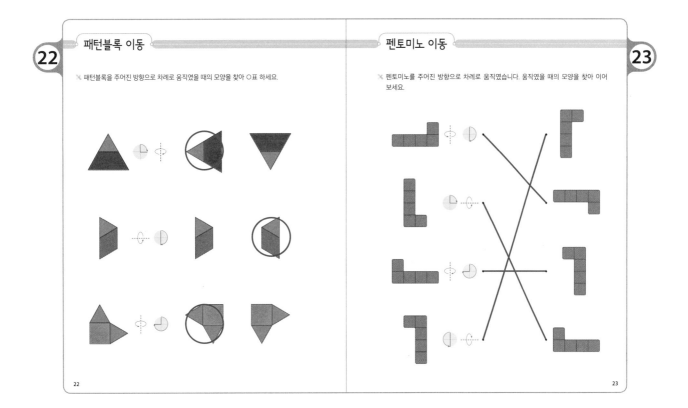

24 움직인 방법

✎ 주어진 펜토미노를 움직여서 퍼즐의 빈 곳을 맞추려고 합니다. 알맞은 말에 ○표 하고, 스티커를 붙여 퍼즐을 완성해 보세요.

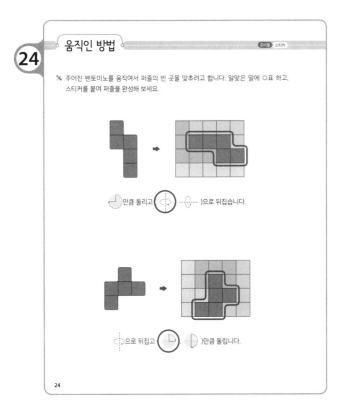

만큼 돌리고 ( )으로 뒤집습니다.

으로 뒤집고 ( )만큼 돌립니다.

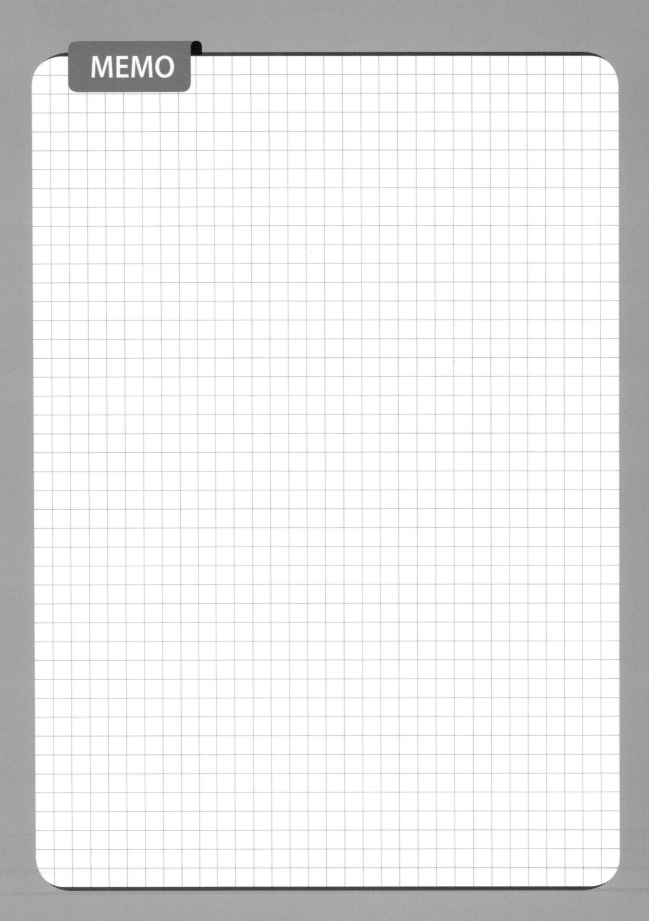

MEMO

펜토미노런 B

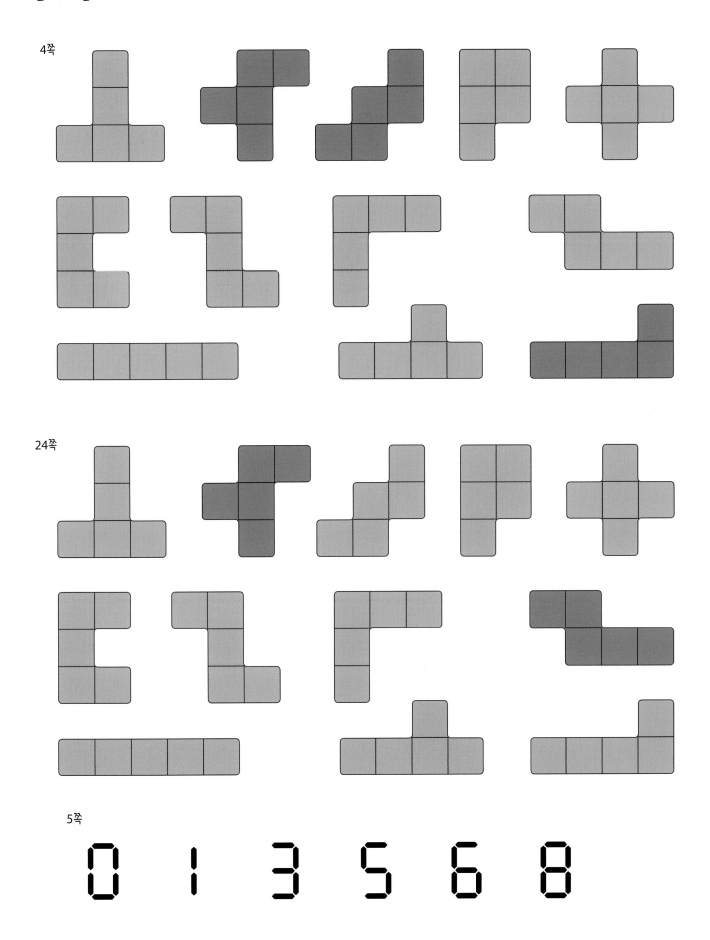

0 1 3 5 6 8

초등 수학 교구 상자

펜토미노턴

평면 공간감각을 길러주는 회전 펜토미노 퍼즐

  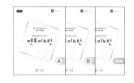

초등학생들이 어려워하는 '평면도형의 이동'을 펜토미노와 패턴 블록으로 도형을 직접 돌려보며 재미있게 해결하는 공간감각 퍼즐입니다.

큐브빌드

입체 공간감각을 길러주는 멀티큐브 퍼즐

머릿속으로 그리기 어려운 입체도형을 쌓기나무와 멀티큐브를 이용하여 직접 만들어 위, 앞, 옆 모양을 관찰하고, 다양한 입체 모양을 만드는 공간감각 퍼즐입니다.

폴리탄

도형감각을 길러주는 입체 칠교 퍼즐

정사각형을 7조각으로 자른 '입체 칠교'와 직각이등변삼각형을 붙인 '입체 볼로'를 활용하여 평면뿐만 아니라 다양한 입체도형 문제를 해결하는 퍼즐입니다.

트랜스넘버

자유자재로 식을 만드는 멀티 숫자 퍼즐

  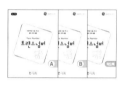

자유자재로 식을 만들고 이를 변형, 응용하는 활동을 통해 연산 원리와 연산감각을 길러주는 멀티 숫자 퍼즐입니다.

머긴스빙고

수 감각을 길러주는 창의 연산 보드 게임

빙고 게임과 머긴스 게임을 활용하여 수 감각과 연산 능력을 끌어올리고 전략적 사고를 키우는 사고력 보드 게임입니다.

폴리스퀘어

공간감각을 길러주는 입체 폴리오미노 보드 게임

 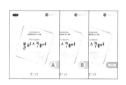

모노미노부터 펜토미노까지의 폴리오미노를 이용하여 다양한 모양을 만들어 보고, 공간을 차지하는 게임으로 공간감각을 키우는 공간점령 보드 게임입니다.

큐보이드

입체를 펼치고 접는 공간 전개도 퍼즐

여러 가지 모양의 면을 자유롭게 연결하여 접었다 펼치는 활동을 통해 직육면체 전개도의 모든 것을 알아보는 공간 전개도 퍼즐입니다.

I hear and I forget 듣기만 한 것은 잊어버리고

I see and I remember 본 것은 기억되지만

I do and I understand 직접 해 본 것은 이해가 된다

Pentomino Turn

펜토미노턴

펴낸곳: ㈜씨투엠에듀   **발행인:** 한헌조

이 책의 전부 또는 일부에 대한 무단전재와 무단복제를 금합니다.

모델명: 필즈엠_펜토미노턴
제조년월: 2022년 3월
주소 및 전화번호: 경기도 수원시 장안구 파장로 7(태영빌딩 3층) / 031-548-1191
제조국명: 한국

씨투엠 초등 수학 교구 상자

평면 공간감각을 길러주는
회전 도형 퍼즐

Pentomino Turn

펜토미노턴

Creative to Math
씨투엠

새로운 카드로 더욱 재미있는 활동을 해 보세요.

카드북 구성

패턴블록 카드(파란색) 16장, 폴리오미노 카드(갈색) 8장, 폴리오미노 격자 카드(보라색) 8장

카드 활동

1 빈 회전판이 보이도록 맞추어 놓고, 카드 **1**장을 회전판에 가로 또는 세로로 놓습니다.

2 주사위 **1**개를 굴립니다. 주사위에 나온 이동 방법대로 움직인 모양을 예상하여 필요한 조각으로 퍼즐판을 완성합니다.

3 주사위에 나온 방향대로 회전판을 돌려 결과를 확인합니다. 뒤집기가 나온 경우 카드를 뒤집기 방향대로 뒤집습니다.

패턴블록 카드 빈 퍼즐판에 패턴블록을 놓아 움직인 모양을 완성합니다.

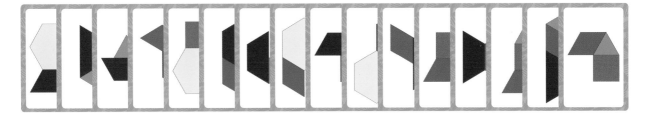

폴리오미노 카드 빈 퍼즐판에 모노미노를 놓아 움직인 모양을 완성합니다.

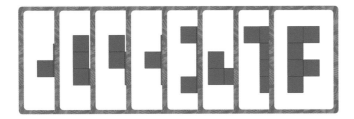

폴리오미노 격자 카드 격자 퍼즐판에 모노미노를 놓아 움직인 모양을 완성합니다.

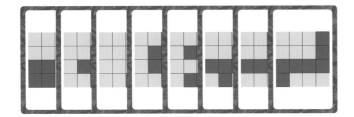

이외에도 매뉴얼에 있는 다양한 카드 활동을 함께 할 수 있습니다.

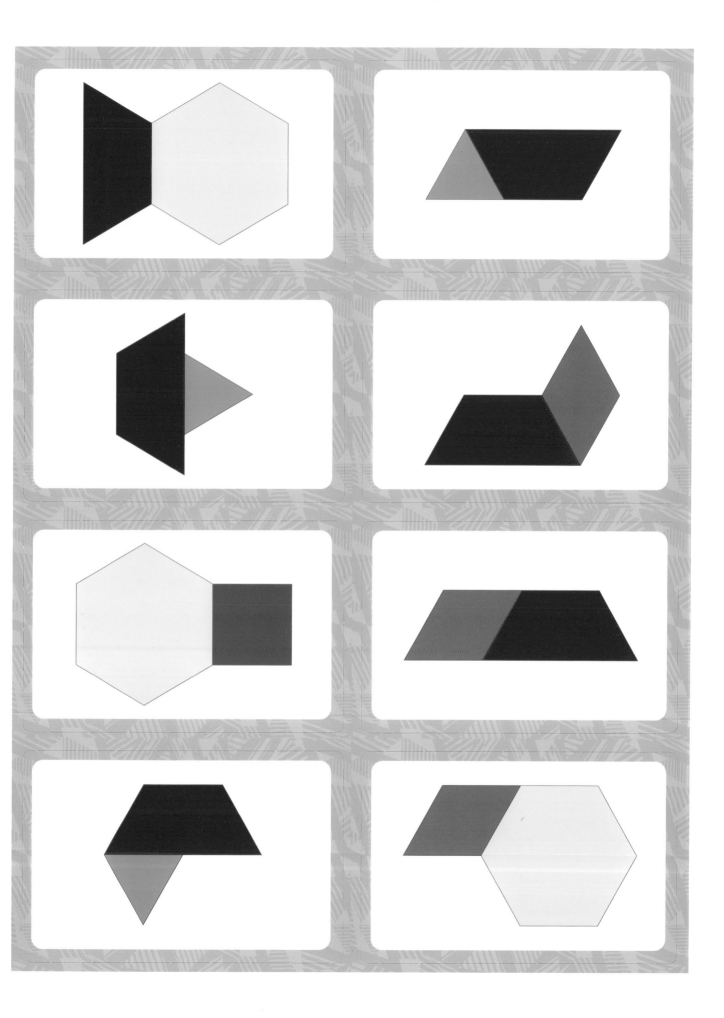

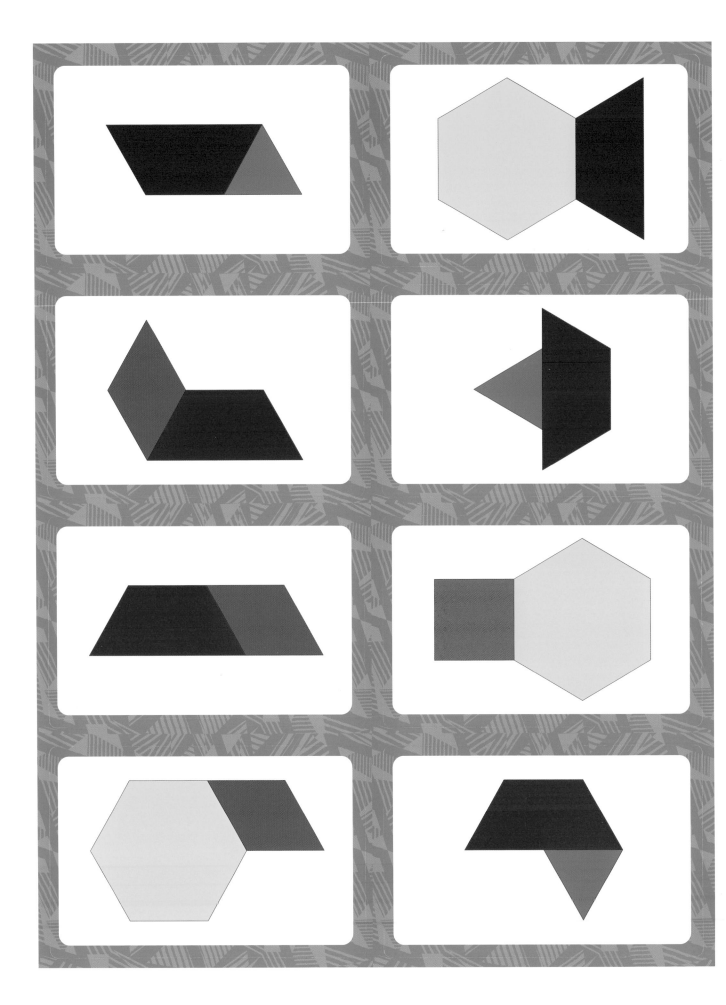